U0141298

1分鐘讀懂

恐怖數學故事

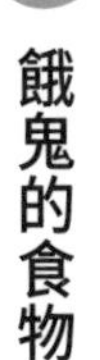

文／小林丸丸
圖／亞樹新
譯／伊之文

suncolor
三采文化

瀨閒文佳
是個喜愛驚悚故事的女孩，
嗜好是閱讀恐怖小說，
及搜尋超自然現象的資料。
想在長大後玩遍各個靈異景點。
瀏海上的髮夾是朋友送的禮物。

你好！
我的名字是瀨間文佳。
在學校，大家都叫我佳佳。
你是不是很怕數學？我懂！
我本來也不會列算式和運算。
但是，我已經克服難關，
數學變成我最擅長的科目了！
數

咦？
你想知道我怎麼進步的嗎？
跟你說喔！
我最喜歡和鬼怪或詛咒有關的「恐怖故事」了！
所以，我決定透過「恐怖數學故事」，
也就是融合驚悚故事的應用問題來學習。
123
8 1 5
我因為太想知道故事結局，所以很專心閱讀題目敘述，
解題變得充滿樂趣，於是就愛上數學了！
數學

你也來挑戰
毛骨悚然的計算題，
藉此學好數學吧！
別露出害怕的
表情嘛！
放心吧！
讀了這本書
之後，
你對數學的恐懼
將會瞬間消失喔！

目錄

假設高志的壽命相當於
一般人的平均值，
他未來還能再活**68年又13天**，
而且**每天都能得到3顆**蘋果。

考考你，
若1年以365天來計算，
在未來的日子裡，
高志總共能獲得
幾顆蘋果呢？

順便一提，高志這一輩子，
永遠都無法逃離某棟建築。

我們先計算高志能獲得蘋果的天數。
由於他能再活 68 年又 13 天，
所以是 365× 68 ＋ 13 ＝ 24833 天。

接著，因為他每天能拿到 3 顆蘋果，
所以再乘以天數，算式是

3×24833＝74499顆

高志竟然能得到這麼多顆蘋果，
真令人羨慕！

但是仔細想想，

究竟是
什麼樣的「設施」

會每天給他 3 顆蘋果呢？
真的好詭異啊！

高志很可能是被人綁架，
囚禁在某棟建築裡。

由於題目敘述寫著
「永遠都無法逃離」，
所以他恐怕是
凶多吉少了……

但還是希望他
有成功逃脫的一天。

千惠子正費盡心思製作人偶，

每做 1 個要花 15 分鐘。

她將做好的人偶固定在樹上，

每固定 1 個要花 3 分鐘。

若千惠子要製作並固定

7 個人偶，

總共要花幾小時

又幾分鐘呢？

千惠子做這些裝飾，

並不是為了慶祝聖誕節喔！

千惠子完成 1 個人偶的時間是
15 ＋ 3 ＝ 18 分鐘

只要將時間乘以人偶數量即可，

18×7＝126分鐘

換算成小時和分鐘的話，就是

126÷60＝2…6

答案是 2 小時又 6 分鐘。

可是，她不是在準備過聖誕節，
為什麼要把人偶固定在樹上呢？

難道千惠子正在製作的人偶，

其實是用來詛咒的草人？

在日本有一種傳統的詛咒方式，
就是用五寸鐵釘將草人釘在樹上。

根據題目的敘述，
千惠子「費盡心思製作人偶」，
但她的「心思」肯定不是愛，

而是「恨」吧！

3 餓鬼的食物

餓鬼張開血盆大口，
露出又尖又利的牙齒說：

「本大爺肚子好餓，
我要吃肉，越多越好！
你看起來最肥美，感覺很好吃！」

餓鬼指著**倫也**，
倫也連忙搖頭否認：
「我只是穿了太多厚衣服，
其實我的體重只有**39公斤**！」

餓鬼聽了，便露出失望的表情，
然後用銅鈴般的大眼睛看向**友宏**。

友宏趕緊大喊：
「我只有**32公斤**！」

接著，

站在友宏旁邊的**真紀**也大叫：

「我……我只有**27公斤**！」

雖然這三個人可能都謊報體重，

但餓鬼似乎相信他們說的數字。

那麼，

餓鬼最後會

吃掉誰呢？

順便一提，餓鬼一餐

最多只吃得下60公斤的肉。

3 餓鬼的食物

詳解

題目裡的餓鬼一餐
最多只吃得下 60 公斤。

但是這 3 個小朋友的體重
都不到 60 公斤，
餓鬼卻說「想要吃肉，越多越好」，
應該會吃體重最重的倫也吧？

然而，事情沒有這麼簡單，
因為故事沒提到

餓鬼一餐
只吃一個人。

如果將友宏和真紀的體重相加，是

32＋27＝59 公斤

他們兩個人加起來，
剛好是餓鬼一餐吃得下的重量。
假如換成其他組合，
就會超過60公斤。

也就是說，
餓鬼會吃掉友宏和真紀。

他們兩人最好
趁餓鬼算出答案之前，
趕快逃走……

寺島剛升上大學，
他開始學習獨立生活，
搬到了堤之丘公寓的 **206** **號**。

這間公寓離車站和超商很近，
採光也很好。

寺島很喜歡這個房間，
但是有一件事讓他很煩惱——

不知道是誰，
總是在三更半夜咚咚咚的
猛敲牆壁吵醒他。

每當這種情況發生，
寺島隔天上課時就會呵欠連連。

不過，敲牆壁的聲音
並不是每天都會出現。

假設敲牆聲出現的機率是 14%，
寺島在一年當中，
總共有幾天無法好好睡覺呢？

一年以 365 天來計算，
並將小數點之後的數無條件捨去。

此外，這棟堤之丘公寓總共有 12 間房，
如下圖所示，
寺島卻無法向隔壁的鄰居抗議。

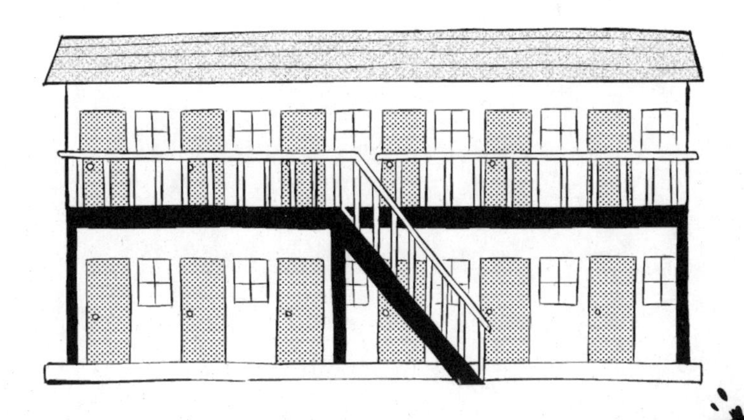

我們先來計算365天的14%是幾天。

365×14%＝51.1

小數點以後的數無條件捨去，
所以牆壁傳出敲擊聲的天數是51天。

一年之中，半夜會被吵醒的日子
居然將近兩個月，實在很討厭！
可是，故事最後的說明更令人在意。

為什麼公寓共有12間房，
寺島卻沒辦法向隔壁的房客抗議呢？

我們可以合理推測
這棟公寓共有12個房間，
堤之丘公寓有兩層樓，
一樓和二樓各有6個房間。
又因為寺島同學住在206號，
所以他的房間在二樓的邊間。

傳來敲擊聲的地方，

一定不是和205號房相隔的那面牆，

而是另一面根本

沒有住人的牆壁，

所以寺島同學才沒辦法向鄰居抗議。

應該沒有人會故意

在半夜騰空敲擊二樓的外牆，

而且一年內多達51次吧！

呵呵呵！到底是誰在敲牆壁呢？

咚咚咚……

咚咚咚……

真是令人好奇呢！

鄭先生是遊樂園的工作人員，
他負責的遊樂設施是高空彈跳。

工作內容是替遊客繫好安全繩索，
教他們怎麼玩高空彈跳。

遊客在設施旁邊排隊，
一個個依序體驗。

遊客從著裝到跳下所花的時間
大致分成兩類：

初次體驗的遊客，
每人平均需要7分鐘；

有經驗的遊客，
每人平均只要4分鐘。

現在時間是**下午 2 點 20 分**，

初次體驗的遊客有 16 人，
有經驗的遊客有 7 人，
當這些遊客都跳完之後，
是幾點幾分呢？

計算時，
先忽略鄭先生失誤的情況。

5 高空彈跳

詳解

初次體驗的遊客有 16 人，
總花費時間是

7×16＝112分鐘

有經驗的遊客有 7 人，
每個人要花 4 分鐘，所以是

4×7＝28分鐘

兩者加起來是 112 ＋ 28 ＝ 140 分鐘，
換算成小時和分鐘是

140÷60＝2…20

也就是 2 小時 20 分鐘。

現在時間是下午 2 點 20 分，
再過 2 小時 20 分鐘就是下午 4 點 40 分，
到時候所有遊客都跳完了。

然而，題目最後一句話太可怕了，
居然說
「先忽略**鄭先生失誤**的情況」！

這代表，
鄭先生實際上會犯下某種失誤嗎？

在高空彈跳犯下的失誤是什麼？
真希望不是那種
會出人命的失誤呢！

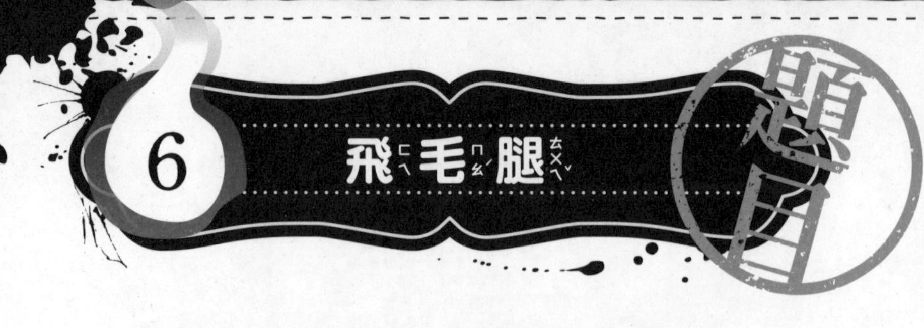

6 飛毛腿

曾經，西川先生的興趣是登山，
他以前最喜歡靠自己的雙腳
走在崎嶇不平的山路上。

去年冬天，他前往中野縣，
攀爬有名的高山。

從山腳到山頂的步道
長達 12 公里，
冬季的山路相當危險。

西川先生在 **12 點 18 分**
緩步抵達山頂，

他花了 **15 分鐘**
在山頂欣賞美景，
接著便準備下山。

當他抵達山腳時，

時間是 **13 點 21 分**。

請問，

西川先生下山的速率是
每小時幾公里？

西川先生開始下山的時間是
12 點 18 分的 15 分鐘後，
也就是 12 點 33 分。
而他在 13 點 21 分抵達山腳，
因此下山所花的時間
可以用下列方法計算。

12 點 33 分到 13 點整經過了 27 分鐘，
13 點整到 13 點 21 分經過了 21 分鐘，

27＋21＝48分鐘

將 48 分鐘換算成小時，
就是 48÷60 ＝ 0.8 小時，
這是下山所花的時間。
從山頂到山腳的距離是 12 公里，
將距離除以時間就能得知速率。

12÷0.8＝15公里/小時

時速 15 公里大概就像
在平坦道路上騎腳踏車一樣。

既然山路崎嶇不平，而且還是冬天，
山頂附近很可能積雪。
假如西川先生下山的速率那麼快，
那他應該是

從陡峭的山坡上滑落吧？

這樣子就能快速下山了。

另外，題目裡提到
「曾經的興趣」和「他從前最喜歡」，
簡直在暗示他和以前不一樣了。

西川先生肯定是發生意外摔下山，
變成鬼魂了啦！
畢竟鬼魂沒有雙腳，
所以他再也無法
「走在崎嶇不平的山路上」了……

加奈惠小姐下班後
和同事一起吃晚餐，
在從車站走回自家的路上，
突然覺得尿急。

她衝進公園裡的女廁，
關上廁所的門。

過了一會兒，
加奈惠小姐不經意的抬頭一看，
和一對眼睛視線交會。

有個像是小學生的女孩子，
正從廁所門上的縫隙盯著她。

而女孩的手並沒有攀在門上，
似乎是很自然的站在門外。

如果門底和地板的距離是 **5 公分**，
門板的長度是 **195 公分**，

當門頂和天花板之間的縫隙
是 **20 公分**時，

女孩的身高介於
幾公分到幾公分之間呢？

地板和門底的距離是 5 公分，
門板的長度是 195 公分，
兩者相加是

5＋195＝200 公分

既然女孩是從門上探出頭來，
表示她的身高至少有 200 公分以上。

而門頂與天花板間的縫隙是 20 公分，
與門的高度相加後，

200＋20＝220 公分

天花板高度為 220 公分。

因為女孩比天花板矮，
所以她的身高是
「200 公分以上，未滿 220 公分」。

這個女孩的身材好高大！

可是，哪有這麼高的小學生？
再說，故事發生的地點在

入夜後的公園女廁。

嗯……既然廁所的門關著，
加奈惠小姐應該沒看到
女孩的身體和腳吧？

真希望當她開門之後，
不會看到

女孩的頭
飄浮在半空中呢！

15 輛警車、

7 輛消防車、

23 輛救護車、

22 輛軍用吉普車，

以及 **10 輛**戰車

從智雄家門前由左向右開過。

此外，還有 **237 輛**轎車
由右向左呼嘯而過。

那麼，經過智雄家門前的車子
總共有幾輛？

POLICE

使用加法就能算出答案。

15＋7＋23＋22＋10＋237＝314

全部共有 314 輛車。

雖然算出答案了，
但更重要的是，

究竟發生
什麼事？

居然連戰車都出動了，
想必大事不妙。

是外國的軍隊攻打過來了嗎？
還是有怪獸出沒呢？

智雄最好別繼續計算車子有幾輛，

三十六計走為上策！

君尚是個熱愛運動的高中生，
他報名參加網球社的訓練營。

白天，社團成員們在球場上揮汗，
到了晚上，全體成員集合後，
準備要去住處附近的墳場試膽。

在 **41 名**社團成員當中，
有 **13 個人**負責當鬼，
其他 **2 人一組**，
沿著墳場繞一圈。

每當一組繞完一圈，
下一組才會接棒出發。

假設繞墳場一圈要花 **8 分鐘**，
從第一組出發到最後一組繞完，
總共要花幾小時又幾分鐘呢？

雖然偶爾會聽到有人大叫：

「這裡的鬼，
好像比當鬼的人多！」

建議先忽略這個情況吧！

我們先想一想有幾組人要繞墳場。
由於 41 個人當中有 13 個人負責當鬼，
所以

41 － 13 ＝ 28
繞場的人有 28 個。

兩兩一組的話，就是 28÷2 ＝ 14，
共有 14 組要繞墳場一圈。

而繞完一圈要 8 分鐘，
乘以組數後，共需

8×14＝112分鐘

換算成小時和分鐘，就是

112÷60＝1…52

試膽大會耗時
1 小時又 52 分鐘。

嗯……也就是說，
他們花了這麼久的時間
在墳場遊玩呢！

雖然題目要我們別在意，
可是有社團成員說：
「這裡的鬼，
好像比當鬼的人多！」

這表示，一定有真正的鬼混進來了。

搞不好社團裡
還有人被鬼附身了呢！

三更半夜，理奈睡得正熟時，
突然被一通電話吵醒。

半睡半醒的她接起手機，
聽到一個男人在耳邊說：
「減減加加！」

理奈很不高興的「咦」了一聲，
對方又說了一次**「減減加加」**。

無論她問「你說什麼」或「你是誰」，
男人都只會重複同一句話。

因為來電顯示是一支不認識的號碼，
理奈認為這是一通騷擾電話，
丟下一句：「我要掛電話了！」
便立刻按下結束通話鍵。

隔天起床之後，理奈又接到電話，
這次是她的媽媽。

她媽媽激動的說：

「親戚家發生火災了！」

親戚家起火的時間，

剛好就是理奈接到騷擾電話的時候。

和媽媽通完電話之後，

理奈查看手機的通話紀錄。

那通電話號碼是

9382－873－8390。

如果把這串數字

當作算式來計算，

答案是多少呢？

9382－873－8390＝119

答案是 119。

難道說，「減減加加」的「減減」
指的是**減法**嗎？

如果是這樣的話，
「加加」的意思是加法囉？

可是，
要加上什麼數字才好呢？

嗯……會不會是……

「加加」或許不是加法的「加」，
而是親戚家的「家」？

此外，119是發生火災時，
通知消防隊的電話號碼。

我猜，
打電話給理奈的男子
說不定其實是
守護靈，

想要請她幫忙打電話報案，
藉此拯救遇到火災的親戚呢！

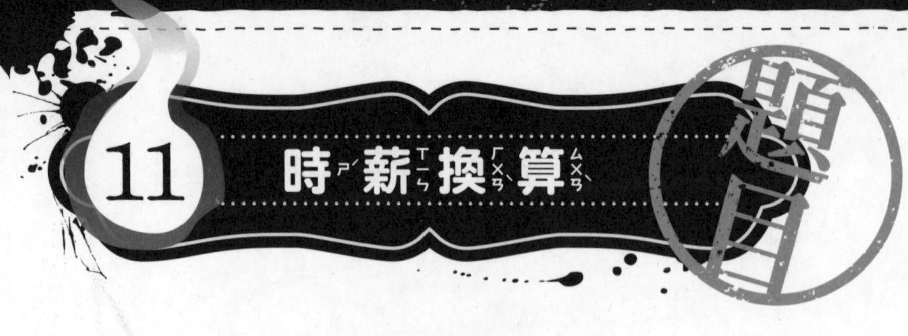

有一家文具製造公司
名叫「微笑文具」，
因為老闆總是露出
像佛祖般慈祥的微笑，
在當地非常有名。

新井先生今年剛進入這家公司，
他上個月的薪水是
新台幣 32500 元，
總工時是 **250 個小時**。

請問，
新井先生的時薪是多少？

只要將上個月的薪水除以工時即可。

32500÷250＝130

答案是新台幣 130 元。

不管怎麼想，
都覺得時薪 130 元太少了，
比最低法定時薪低很多。

而且，一個月工作 250 個小時，
工時未免也太長了。

假設一個月有 20 個工作天，
算起來一天工作長達 12.5 個小時。

有時遇到整天都要上課的日子，
花 7 個小時讀書已經很累了，
新井先生比我們更辛苦。

「微笑文具」應該是一家
只有老闆笑呵呵，

員工笑不出來的
黑心公司吧！

若要衡量一項工作的好壞，
薪水和工時並不是唯一的指標。
雖然很難百分之百斷定，
但是新井先生還是

換個工作

會比較好喔！

太郎在租車行租了一輛車，
飛快的前往其他縣市，
沿途接了 2 位大學同學，
以及 2 位一起打工的同事上車。

他們為了試膽故意在半夜出發，
前往一間已經變成廢墟的醫院。

車子在荒涼的停車場停妥後，
太郎一行人闖進杳無人煙的醫院。

他們用手機的手電筒照亮周圍，
小心謹慎的一步步前進。

到了三樓時，太郎覺得不太對勁，
用手機照向四面八方，
發現剛才還在身邊的同伴
竟然全都消失無蹤。

太郎呼叫同伴的名字，
但是都無人回應，
他高聲大喊，結果還是一樣，
一片死寂讓他越來越不安。

廢棄醫院裡收不到訊號，
沒辦法打電話，
太郎害怕得衝下樓梯，
急忙回到車上。

氣喘吁吁的坐在車上調整呼吸之後，
正拿起手機想要打電話。

這時，太郎不經意瞥向後視鏡，
看到後座有個長髮女子。

當天明明沒有下雨，
女子的頭髮卻溼透了，
蒼白的臉從頭髮的縫隙間微微露出。

這名女子並不是太郎的同學或同事，
太郎嚇得全身僵硬，
甚至沒有勇氣開口問「你是誰」。

太郎慢慢抬起低垂的頭，
眼看就要透過後視鏡和她四目交會，
他害怕到了極點。

然而此時，太郎既不能閉上眼睛，
也無法移開視線。

問題來了：
這一天，總共有幾個人
搭過太郎的車呢？

無論活人或死人都要算！

出租汽車

詳解

搭過那台車的人，
包括太郎自己、
2位大學同學、
2位一起打工的同事，
以及故事最後那位
出現在後座的長髮女子，所以是

1＋2＋2＋1＝6

共有6個人搭車。

可是，一起搭車前往
廢棄醫院的同伴
究竟到哪裡去了呢？

還有，

長髮女子
到底是誰呢？

太郎租來的車應該有上鎖，
很難想像普通人類
能神不知鬼不覺的坐進車裡。

此外，題目最後還寫著
「無論活人
或死人都要算」。

由此可見，那名女子
一定是死人變成的鬼魂。

和女鬼視線交會之後，
太郎會有什麼下場呢？

嘉蓮一家人打算搬家。

嘉蓮的爸爸很注重居住安全，
他想要搬到
警察人數很多的安全小鎮，
讓全家人能夠平安生活。

新家的地點有 3 個選項，
右頁的表格是
3 個小鎮的面積，
以及每個小鎮的**警察人數**。

請問，
每平方公里
擁有最多警察的小鎮
是哪一個呢？

	警察（人）	面積（平方公里）
A小鎮	126	9
B小鎮	95	5
C小鎮	64	4

詳解

只要將警察人數除以面積即可。

算式如下：

A小鎮是 126÷9＝14

B小鎮是 95÷5＝19

C小鎮是 64÷4＝16

每平方公里擁有最多警察的地區是 B 小鎮。

可是，用這種方式計算，
真的能選出「最安全的小鎮」嗎？

既然那個小鎮有很多警察，
不就表示
**那個區域的犯罪案件
特別多嗎？**

假如我是警官，
當一個地區越危險，
我就會派越多警察駐守。

人類習慣追求平穩安全，
但是要判斷什麼是真正的安全，
似乎沒有想像中那麼簡單喔！

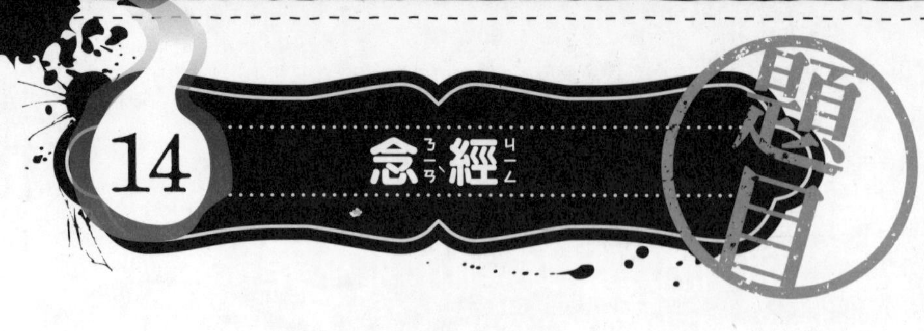

「南無阿彌陀佛、
南無阿彌陀佛……」

住持低沉的念經聲
響徹了某間寺廟莊嚴的佛堂。

住持跪坐著，
雙手捧著一卷佛經。

住持將長長一卷經文
從頭到尾**念一遍要花 24 分鐘**。

他花了 8 小時不間斷的反覆念經，
直到體力不支才停止。

請問，在這個情況下，
住持總共念了幾次經文呢？

順便一提，坐在住持前面的人是
被鬼魂附身的隆一，
計算時不必理會。

念經

詳解

題目說住持花了8小時念經，
換算成分鐘，就是
$60 \times 8 = 480$ 分鐘。

由於念一遍需要24分鐘，
所以

$$480 \div 24 = 20$$

住持總共念了20次。

他居然連續念了8小時的佛經，
真的太有毅力了！
不過，住持為什麼要這麼拚命呢？

看了題目最後一段就知道了。

隆一坐在住持眼前，

而他被鬼魂附身了。

住持之所以用盡全力念經，
一定是為了驅除怨靈！

那麼，他成功趕走怨靈了嗎？

我想，

八成失敗了吧！

假如成功驅除了惡靈，
住持應該會停止念經才對。

既然住持念經念到體力不支，
這表示惡靈一直纏著隆一不放。

呵呵呵！真是遺憾啊……

15 猜猜我是誰？

題目

野間口是詐騙集團的一員，
犯下好幾次電話詐騙的勾當。

他打電話給老人家，
偽裝成他們的兒子或孫子，
藉此騙取金錢。

野間口透過詐騙，
獲得以正當手段賺不到的大筆金錢，
為此得意洋洋。

不知何時開始，
野間口耳邊經常聽到老人的說話聲。

第一次發生在搭車的時候，
那天，他坐著閉目養神，
突然聽到老爺爺叫他睜開眼睛的聲音，
可是周圍卻沒有任何人。

接著，在他等紅燈、搭電梯，
或是在家裡看電視的時候，

都發生同樣的怪事。

他明明聽見有個老爺爺
發出模糊不清的低喃聲，
四下張望後，卻沒看見類似的人影。

隨著日子一天天過去，
這種現象越來越常發生，
野間口感到非常不安。

他想過要告訴朋友這件事，
但大家一定會笑他聽錯了，
因此他沒有任何可以訴說的對象。

一個月過去，
老人的說話聲變本加厲，
不斷在他的耳邊繚繞。

無論他在哪裡、做什麼事，
那道聲音都 24 小時纏著他不放。

然而，不管他再怎麼尋找，
仍然找不到聲音的主人。

某天，他喝了很多酒，
在房裡朝著四面八方大叫：

「你是誰？你到底是誰？」

接著，有一股溫熱的氣息
吹向他的耳邊，小聲的說：

「是我啊！」

「你……你是誰？」

「你還問我是誰？你不是我的孫子嗎？
你該不會是假冒的吧？

來，趕快說啊！我叫什麼名字？
要是說錯了，我絕對不會善罷甘休！」

野間口總共詐騙過**8位**老人，
請問他猜中
聲音主人的機率是多少%？

前提是，假設他記得
所有詐騙被害人的姓名。

聲音的主人就在那8個人當中，
因此猜中的機率是8分之1。

1÷8×100%＝12.5%

野間口猜對的機率是12.5%。

詐騙這種會招人怨恨的壞事，
根本不應該去做。

我想，野間口應該是

被他詐騙過的
老爺爺纏身了。

題目假設野間口
「記得所有詐騙被害人的姓名」，
但實際上，

他根本不記得吧！

在我看來，他應該很難脫身了。

雖然我有點同情他，
但也沒辦法，
只能說一切都是他自作自受。

和彥正在考慮搬家。

他走進房屋仲介的辦公室，
請業者幫忙列出
離綠坂車站走路 10 分鐘以內，
屋齡不超過 10 年的房子。

女房仲介紹了 3 間房子給和彥，
他想要找**占地面積越大**、
租金越便宜的物件。

請問，下列這張表格當中，
哪一間房子每坪的租金
最便宜呢？

	租金（元）	面積（坪）
向日葵公寓	14000	20
國見集合住宅	16000	25
北川之家	10500	35

向日葵公寓
20坪
月租NTD.14000
國見集合住宅
25坪
月租NTD.16000
北川之家
35坪
NTD.10500

16 找房子

詳解

將月租除以房子的占地面積，
就能算出每坪的租金。

以向日葵公寓為例：

14000÷20＝700

每坪是 700 元。

依此類推，
計算每間房子每坪的租金，
國見集合住宅是

16000÷25＝640

北川之家是

10500÷35＝300

算起來，每坪的租金
最便宜的是北川之家。

不過，它未免太便宜了吧！

只看月租的話，
表面上好像沒有差很多，
但是一比較每坪的價格，
就看得出北川之家異常便宜。

這3間房子全部都離車站很近，
屋子也不老舊，條件差不多，
可是，和另外2間房子相比，
北川之家的租金

不到它們的一半。

難道北川之家
其實是「凶宅」嗎？
說不定真的是喔……

某天，我走在小巷子裡，
突然有1架紙飛機從天而降，
正好落在我的腳邊，
我低頭一看，地上還有其他3架。

這些紙飛機，會不會是小朋友
從高樓大廈射下來的惡作劇呢？

我拆開紙飛機，
發現4張紙上的內容，
都是用手寫字列出來的算式，
就像右頁那樣。

那些算式的答案
究竟是什麼呢？

A B C D E F

Z G

Y H

X I

W J

V K

U L

T M

S R Q P O N

$2 \times 2 \times 2 =$

$12 - 5 - 2 =$

$7 + 9 - 4 =$

$24 \div 8 \times 2 + 10 =$

17 紙飛機

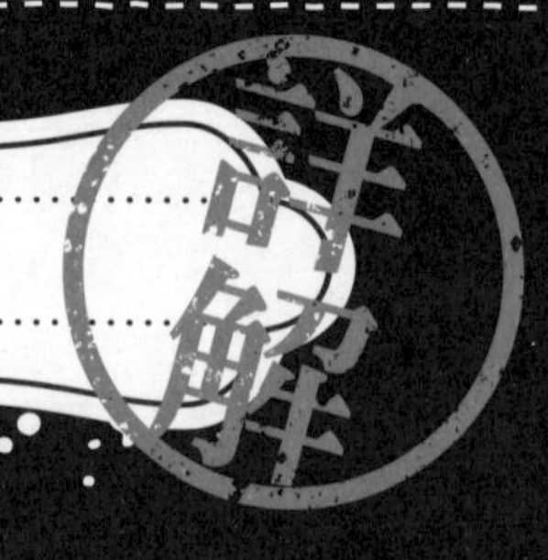

這是計算題，每個算式的答案是

2×2×2＝8

12－5－2＝5

7＋9－4＝12

24÷8×2＋10＝16

為什麼會有這些紙飛機呢？
特地用手抄寫好幾張一樣的內容，
還折成紙飛機發射到外面，真奇怪！

我想，這應該是某種暗號吧？
每張紙的周圍都有英文字母，
如果將算式的答案代換成英文字母，
再依序排列的話……

第8個英文字母是H，
第5個是E，第12個是L，
第16個是P，連起來就是

「HELP」。

翻譯成中文是

「救救我」的意思。

一定有人被關在附近的高樓大廈裡。

因此製作了
不會被綁匪一眼看穿的暗號，
再趁機從窗戶縫隙丟出紙飛機。

得快點去救他才行！

18 還想打電動

仁太家有一條規定：
每天只能玩一個小時的電動遊戲。

規定的時間一到，
名叫「忍忍堂女巫」的掌上型遊戲機
就會被媽媽沒收，鎖在置物櫃裡。

你可能以為
仁太每天都有 1 個小時可以打電動，
但是並非如此。

他是三兄弟中的老么，
上面還有兩個哥哥。

每個人可以打電動的時間是
1 小時除以 3 個人，
也就是 20 分鐘。

20 分鐘的時間太短，
讓仁太覺得很不滿。

仁太在網路上找到一種咒術，
決定實際試試看。

那種咒術是
準備好幾種供品祭拜神明，
請神明實現自己的願望。

幾週後，仁太的願望真的實現，
他每天能打電動的時間變長了。

請問，
仁太向神明許了什麼願望？

附帶一提，他許的願望並不是
「延長一天１小時的打電動時間」。

仁太原本能打電動的時間是 20 分鐘，
如同題目中的敘述，
是將 1 小時除以 3 個人得到的答案。

換句話說，每個人打電動時間是
「限制時間 ÷ 人數」。
既然題目已經有了但書，
「限制時間」本身無法延長，
這樣一來，就只能改變「人數」。

假如 3 個人變成 2 個人，
用除法算起來是 30 分鐘；
當 3 個人變成 1 個人，便是 60 分鐘。
能打電動的時間變長了！
只要減少 2 個哥哥就好。

換句話說，仁太許的願望是：
「請減少哥哥的人數！」

不過，這不是唯一的答案。

話說回來，因為遊戲機只有一台，
所以每個人打電動的時間才會是
「限制時間 ÷ 人數」。

只要向神明許願：
「請再給我們一台遊戲機！」
算法就不一樣囉！

2台×60分÷3人＝40分鐘

仁太打電動的時間延長到 40 分鐘了，
這個答案也合理。

以數學題目來說，這兩個答案都對，
假如考量道德倫理，
第二個或許才是正確答案。

真希望仁太許的願望是第二個呢！

小偷入侵了
有川公寓16個房間的其中一間。

竊賊拉開衣櫃和書桌的每一個抽屜，
搜刮值錢的物品，放進自己的包包。

安娜今天加班到半夜，
正走在公寓的走廊上，
紅色高跟鞋發出叩叩叩的聲響。

那雙高跟鞋在安娜的房間，
亦即203號房門口停下。

安娜從包包取出鑰匙開鎖，
然後慢慢轉動門把。

門開了，房間裡一片漆黑，
沒有任何聲音。

考考你，

小偷屏住氣息，
躲在203號房裡的
機率是多少%？

公寓總共有 16 個房間，
小偷就躲在其中 1 間裡，
所以機率是 16 分之 1。

1÷16×100%＝6.25%

竊賊躲在 203 號房裡的機率是
6.25%。

不……不需要擔心！
機率這麼低，
還比不上 10% 的中獎率呢！

竊賊肯定在其他房間。

安娜不會有危險的……
希望如此。

答案：6.25%

20 奇特的章魚燒

題目

美雪同學在森林裡散步時，
發現一個長了許多蘑菇的洞窟。

蘑菇的菌傘很厚，
鼻子湊近還能聞到香味，
感覺很好吃！

但是，美雪並沒有馬上
摘下那些蘑菇。

她先用手機上網搜尋，
確認它們是否為毒菇之後才摘下來。

回到家之後，美雪決定
用那些蘑菇來做章魚燒。

因為她曾在電視上看到
有人用蘑菇代替章魚
製作奇特的章魚燒，
她一直躍躍欲試。

她總共製作了**32顆章魚燒**，
再分成**4等分**，
裝進塑膠盒裡。

美雪將做好的章魚燒，
分給平時總是和自己一起玩的
大澤同學、國白同學、水木同學
和幸代同學。

吃了章魚燒之後，
每個人都露出笑容。

請問：

他們每個人
各分到幾顆章魚燒？

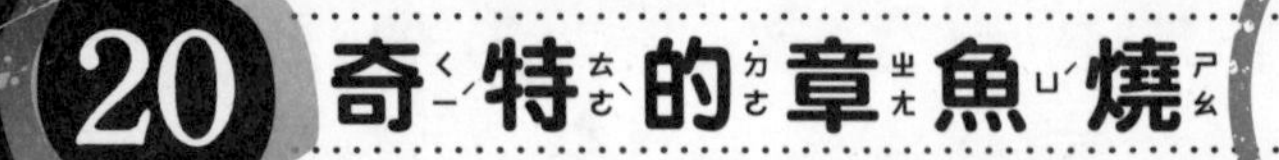

20 奇特的章魚燒

詳解

將 32 顆章魚燒分成 4 等分，
用除法就能算出答案。

32顆÷4人＝8顆

每人各分到 8 顆章魚燒。

奇怪的是，這樣一來，
美雪自己不就沒得吃了嗎？

既然她自己不吃的話，
這就表示用來當作材料的蘑菇

果然是毒菇吧？

這樣想也很合理。

因為，題目的敘述只寫了
「確認它們是否為毒菇」，
並沒有提到
「確定沒有毒才摘下來」。

美雪一定是上網搜尋，
確認那些蘑菇真的有毒才摘下的吧？
至於她摘下的蘑菇種類應該是「笑菇」。

那種可怕的蘑菇
會讓吃下去的人一直笑，
無論痛苦、悲傷或難過，
都只能用笑來表達。

雖然故事用
「平時總是和自己一起玩」
來描述分到章魚燒的4位同學，
但我猜這4個人平常玩的「遊戲」，
恐怕讓美雪的內心留下了
難以抹滅的創傷。

獵人從大野狼的肚子裡
救出小紅帽和外婆之後，說：

「我們趕緊趁大野狼熟睡時，
在牠肚子裡塞石頭，
但是重量
要和你們 2 個人一樣重，
以免牠發現你們逃走。」

小紅帽的體重是 **33 公斤**，
外婆是 **63 公斤**。

假設每顆石頭都是 **6 公斤**，
他們要在大野狼肚子裡
塞幾顆石頭呢？

先將2人的體重相加。

33＋63＝96公斤

一顆石頭6公斤，接著用除法計算數量

96÷6＝16顆

總共要把16顆石頭
塞進大野狼肚子裡。

獵人居然能想到用石頭代替祖孫2人，
這個點子真厲害！

故事的結局是，
大野狼掉進水池，再也爬不上來，
有點殘忍呢！

因為大野狼不但欺騙小紅帽祖孫，
還把他們吃掉，所以大野狼罪有應得。

但是，我從以前就一直很在意
小紅帽故事中的某個地方。

你們不覺得奇怪嗎？

獵人怎麼知道大野狼吃了祖孫呢？

大野狼是在外婆的寢室裡襲擊 2 人喔！

那麼，獵人是從哪裡看到
大野狼吃人呢？

這樣一想，

這位獵人
其實比大野狼
更可怕吧？

答案：16顆

22 冒險家的住處

正人是一位冒險家。

他不只挑戰了傳說中難以攻頂的高山，
還在蟒蛇和毒蠍出沒的叢林
搭帳篷生活。

他甚至還曾經只靠一艘小帆船，
花了好幾個月橫渡大西洋。

正人不斷進行大冒險，
一年當中只有幾個月
會回到自己的家。

他心想：「反正我很少在家，
如果租屋處太大很浪費錢。」
因此他的住處面積越來越小。

他家原本占地面積 **30 平方公尺**，
現在變成 **1000 分之 1**。
正人現居地的面積是多少呢？

只要將原本的面積除以 1000 即可。

算式是：

30÷1000＝0.03

答案是 0.03 平方公尺。

嗯……這未免也太窄了吧？

換算成平方公分是多大呢？

1 平方公尺是

100 公分 ×100 公分＝ 10000 平方公分，

只要將 0.03 乘以 10000 倍即可。

0.03×10000 ＝ 300

也就是 300 平方公分。

以長方形大小來判斷，

大約是長 20 公分，寬 15 公分，

恰好能用雙手捧著。

一位成年男性，
怎麼可能塞得進這麼小的空間呢？

既然正人不顧自身安危，
反覆進行大冒險，
想必是在某處遇難了。

他現在待的地方，
應該是骨灰罈吧！

長年荒廢的空地，
即將要蓋一間美侖美奐的圖書館。

空地的總面積是 **4000 平方公尺**，
預計要利用其中的 **2400 平方公尺**，
打造一間地上三層、
地下兩層的大型圖書館。

3年前，**正和用鐵鏟**
在那片空地埋了某物，
請問它在施工時
被挖出來的機率是多少%呢？

23 建築工程 詳解

題目中特別提到，
正和當初是用鐵鏟挖土。

而圖書館預計要蓋到地下 2 樓，
用鐵鏟不可能挖得比這更深，
因此只需從面積來計算機率。

圖書館的面積是 2400 平方公尺，
整塊空地有 4000 平方公尺。

若要換算成百分比，
可以列出算式：

2400÷4000×100%＝60%

答案是 60%。

那麼，正和埋在空地的某物
究竟是什麼呢？

假如那是不能被媽媽發現的考卷，
或是不敢交給對方的情書，
感覺還挺可愛的呢！

當建設公司的人用怪手開挖時，
從泥土裡跑出來的「某物」，
只要不是

會令人尖叫的
「某個人物」，

那就太好了！

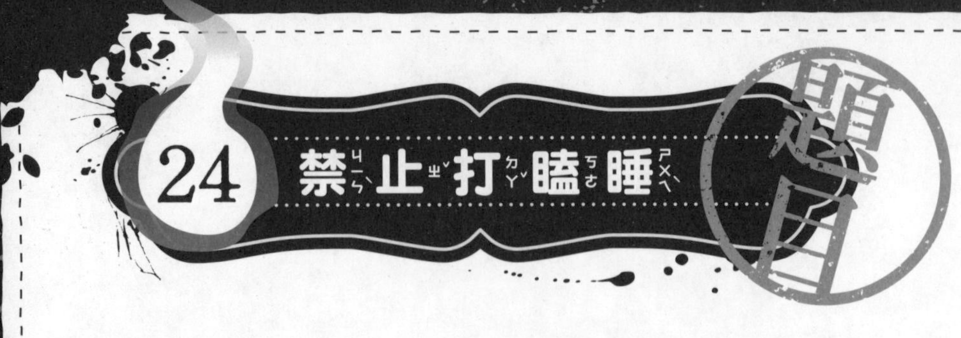

在小學任教的石井老師有個煩惱。

不知道是因為他上課太無聊，
還是因為他太仁慈而不被放在眼裡，
總會有幾個學生在課堂上打瞌睡。

石井老師向大學同學吐苦水，
同學聽了便說：「我有個好辦法。」
於是他翻找包包之後，
拿出1張字跡優美的符咒。

接著對石井老師說：
「這是使用某種蟲繭的絲
織成的特殊符咒，
只要貼在教室牆壁上就行了。」

石井老師回到他擔任導師的班級，
站在教室裡環視四周後，
將符咒貼在置物櫃後方的牆上。

符咒竟然比預期有效！

米倉同學和往常一樣，
又開始在上課時打瞌睡。

他本來趴在書桌上，
不一會兒就發出怪聲並驚醒。

鄰坐同學大肆嘲笑他，
他卻害怕得臉色蒼白，
低聲說「我做了惡夢」，
接著用手緊按著胸口，
額頭上汗珠淋漓。

那張符咒貼不到 1 週，
班上就再也沒有人打瞌睡了。

據說一張符咒的功效
能維持 **3 個月**。

假設 1 張符咒是 1800 元，
石井老師一年
要花多少錢呢？

詳解

一年有 12 個月，
1 張符咒的功效是 3 個月，
所以一年需要 12÷3 ＝ 4 張。

而 1 張符咒的價格是 1800 元，
因此一年的費用是

1800×4＝7200元

那種符咒是不是
會讓睡著的人做惡夢呢？

教室裡要是貼了這種符咒，
的確就沒人敢打瞌睡了。

不過，學生究竟做了什麼惡夢呢？

石井老師的同學說：
「這是使用某種蟲繭的絲
織成的特殊符咒」，
那麼……

假如那種符咒會讓人夢到

很多蟲朝自己
爬過來的話……

我也會嚇得發出尖叫聲，
同時從坐位上跳起來吧！

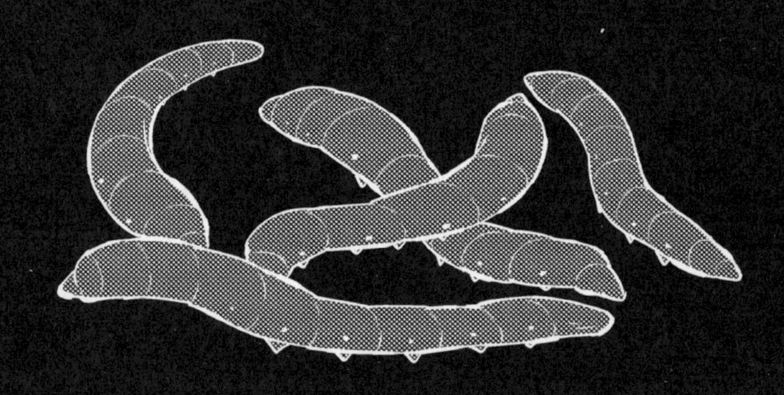

答案：7200元

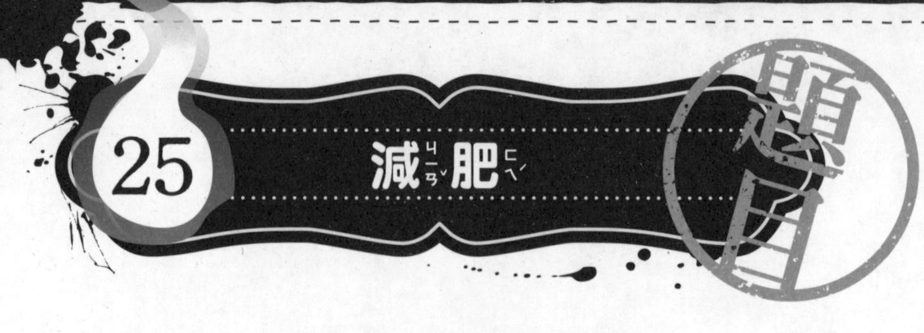

久本先生做了健康檢查，
醫生叮嚀他：

「你已經40幾歲了，
不再是正值青春期的青少年，
要是繼續暴飲暴食，
不僅容易生病，也活不久喔！」

久本先生目前身高**185公分**，
體重高達**125公斤**。

在那天之後，5年過去了。

這5年間，久本先生的體重
逐年穩定減少20%。

請問，5年後的現在，
久本先生的體重是幾公斤呢？

請將答案的小數點以後的數
無條件捨去。

1年後
2年後
3年後
?

25 減肥

詳解

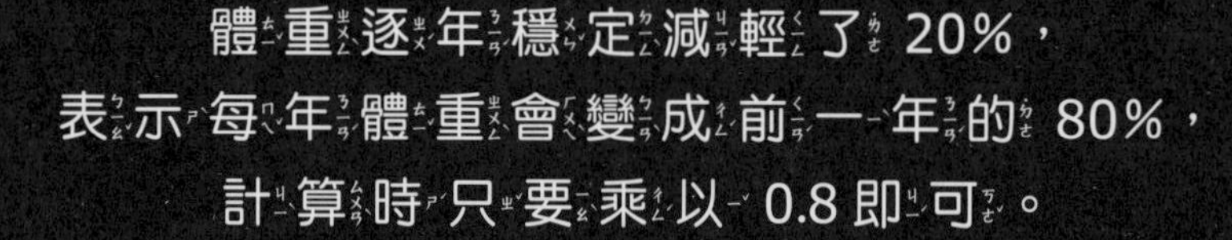

體重逐年穩定減輕了 20%，
表示每年體重會變成前一年的 80%，
計算時只要乘以 0.8 即可。

而久本先生 5 年後的體重，
就是將原本的體重乘以 0.8，
一共乘 5 次。

125×0.8×0.8×0.8×0.8×0.8＝40.96

無條件捨去小數點以後的數，
久本先生現在的體重是 40 公斤。

好厲害，他減肥成功了呢！

但仔細一想……

一個身高 185 公分的人，
體重只有 40 公斤！

無論如何，

這種體格
太瘦弱了吧？

醫生或許說對了，
久本先生確實生病了，
肯定是疾病讓他瘦成皮包骨……

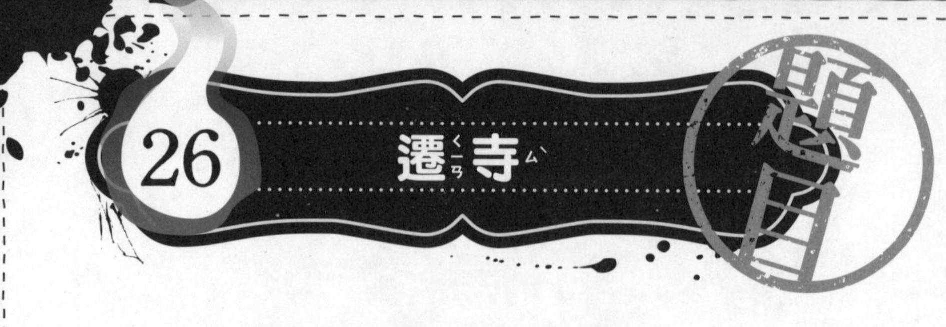

26 遷寺

堀口同學上了大學，
開始過著獨居生活。

他有個煩惱，
自從他搬到新租的公寓之後，
就經常感到頭痛。

即使看醫生也找不出原因，
吃藥也沒有效。

長期頭痛害他無法專心上課，
也很難投入最近找到的打工。

就在這個時候，
位於公寓後方的寺廟
打算遷移到另一個縣市，
原本設置在寺裡的**58座**墓碑，
每天會移走**3座**。

當所有墓碑都遷移完畢，
堀口同學的頭痛就會不藥而癒。

那麼，
在寺廟開始搬遷的幾天後，
堀口的頭痛就會好了呢？

墓碑總共有 58 座，
每天遷移 3 座，全部遷完需要

58÷3＝19…1

答案是 19 + 1 ＝ 20 天，
因為花了 19 天還會剩一座墓碑，
所以要再加 1 天，才能把所有墓碑遷走。

當所有墓碑移走，
堀口同學不再頭痛，
是在開始遷寺的 20 天後。

這個煩惱解決了，
堀口同學應該很開心吧？

可是，我總覺得放心不下。

寺廟搬遷到其他縣市之後，
這次大概會換成
新地點的左鄰右舍開始頭痛了吧……

儘管解開了數學計算題，
但現實中還是留下了
無解的問題呢！

燭台上有3根正在燃燒的蠟燭，
每根的長度都不一樣。

也許是因為蠟的成分不同，
導致每根蠟燭燃燒的速度也不同。

右頁的表格列出了
每根蠟燭的長度和燃燒的速度，
請問A、B、C哪一根蠟燭
會最快燒完呢？

附帶一提，3根蠟燭的側面
都各有一個人名。

	長度 （公分）	燃燒速度 （公分／1天）	側面的人名
A	36	0.1	泉川清正
B	18	0.05	菅田真子
C	54	0.15	赤西國和

蠟燭

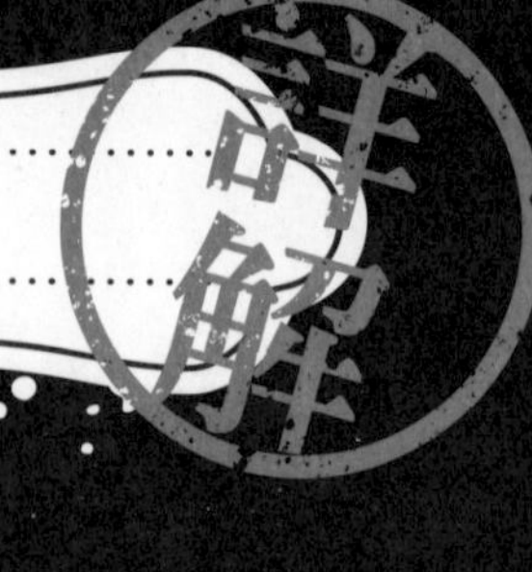

A 蠟燭長 36 公分，
燃燒速度是每天 0.1 公分，因此

$$36 \div 0.1 = 360$$

A 蠟燭會在 360 天後燒完。
以同樣的方法計算 B 蠟燭和 C 蠟燭，

$18 \div 0.05 = 360$

$54 \div 0.15 = 360$

咦？答案竟然都一樣！

表示 3 根蠟燭會同時燒完。

可是，蠟燭側面刻了人名，
是不是很詭異呢？

有個古老的傳說，

死神是用蠟燭來管理人類的壽命。

當燭火熄滅，
蠟燭上的名字所對應的人
就會死亡。

在日本的藝能表演「落語」中，
有名的《死神》故事
就是在演示這個傳說。

假如題目中的蠟燭就是死神的蠟燭，
這代表那3個人即將面臨

在同一天死亡的命運。

他們的命運，
說不定就是
在同一起意外事故中喪生。

秀明是個高中生。某天，
他在書桌抽屜裡找到一張卡片。

這張卡片不知道是誰放進去的。

卡片的材質和大小很像撲克牌，
正反面都是白色，
其中一面用黑色簽字筆
寫著**「4215」**謎樣的數字，
另一面寫著
「放學後，來視聽教室」。

秀明很好奇，
上完當天最後一堂課之後，
便依照指示前往視聽教室。

他打開視聽教室的門一看，
裡面有3個學生，

秀明以為是這3個人叫他來，
但並非如此。

那3位同學說，
他們的書桌抽屜裡
也有一樣的卡片。

3張卡片都寫了
叫他們來視聽教室的字句，
但數字不一樣，分別是
「2568」、「1915」和「9276」。

他們看向視聽教室的黑板，
上面寫著：
「所有數字加起來是多少？」

若依照指示，
將4張卡片的數字相加，
會是多少呢？

這個加法題的數字有好幾位數，
請努力計算吧！

4215＋2568＋1915＋9276＝17974

答案是 17974，
這代表什麼意思呢？

我想想，17974 這串數字，
讀音很接近中文的

「一起就去死」……

光從題目敘述，
無從得知是誰放了那 4 張卡片。

假設那個人是故意
將他討厭的對象
聚集在同一個地點的話……

放了卡片的人，
搞不好在視聽教室裡
安裝了某種定時裝置。

目的是為了讓那4個人「相加」，
然後**一次除掉**……

看來，秀明他們4個人
最好趕快離開視聽教室！

勝彥前往住家附近的公園，
看到幾個不認識的孩子在玩。

他們正在使用公園的遊樂器材，
看起來非常開心自在。

突然，勝彥激動的對正在盪鞦韆的
3個人說：
「你們是哪間小學的？」

人數是 1 對 3，勝彥看似沒有勝算，
但他的體格壯碩，未必會居於弱勢。

已知勝彥的身高
是那 3 人身高總和的一半。

假設3人的身高分別是

123公分、135公分和128公分，

勝彥的身高是幾公分呢？

29 勝彥的身高

只要將3個人的身高加起來再除以2，
即可得知勝彥的身高，

(123＋135＋128)÷2＝193

答案是193公分。

我本來還想：
「哇！這個小學生好高大喔！」
但題目沒有寫到勝彥的年齡。

儘管勝彥怒罵：
「你們是哪間小學的？」
但還是無從得知勝彥是不是小學生。

如果從身高來看，
勝彥應該不是小學生。

身高193公分的大人，
在合乎器材使用規範下，
確實有玩公園鞦韆的權利。

然而，勝彥居然飆罵先到的小朋友，
甚至想要趕走他們，這可不行！

看來他是個

不好惹的大人呢！

被殭屍咬到的人類，
到了隔天也會變成殭屍。

每隻殭屍
每天都會咬 1 個人，
因此殭屍的數量每天都會變成 **2 倍**。

某天，小日向高中
有 1 名學生不幸成為殭屍。

假設殭屍只在小日向高中裡活動，
全校學生與教職員總計有 719 人，
那麼，幾天之後，
全校的人都會變成殭屍呢？

30 殭屍高中 詳解

小日向高中多達 719 人，
感覺好像要 2、3 個月
所有人才會全數變成殭屍，
實際上真的是這樣嗎？

我們來算算看吧！

殭屍的數量每天都會變成 2 倍，
所以只要一直乘以 2 就好，如下表。

天數	1	2	3	4	5	6	7	8	9	10	11
殭屍數量	1	2	4	8	16	32	64	128	256	512	1024

咦？才過了 11 天，
殭屍數量就會達到 1024 人，
超過整間學校的 719 人了。

所以，答案就是 11 天後。

因為是以倍數增加，不是加法，
所以殭屍增殖的速度比想像中更快。

想想看，11天之後，
這間高中的課堂上會教什麼呢？

既然老師和學生都變成殭屍了，
上課內容應該也異於平常吧？

不知道老師會不會教
「成為咬人高手的方法」？

雖然很可怕，但我有點感興趣呢！

31 火柴有幾根？

某天，我發現地上有一盒火柴，
四周還散落了幾根零散的火柴，
如同右頁圖示。

我撿起火柴盒，
打開並數了一下，
發現火柴盒裡有 **27 根**火柴。

請問全部
共有幾根火柴？

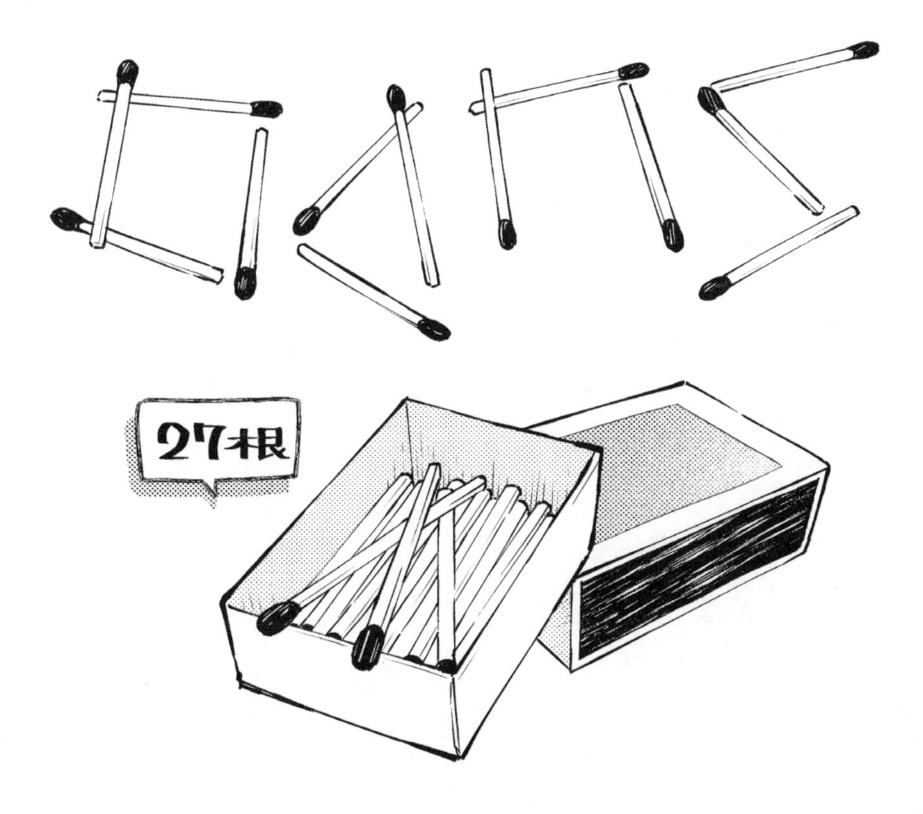

27根

只要數一數地上的火柴數量，
再加上火柴盒裡的總數即可。

掉在地上的火柴有 13 根，
火柴盒裡有 27 根，相加便是

13＋27＝40

所以火柴總共有 40 根。

但比起火柴的數量，
我更在意地上的火柴排列方式。

看起來不像是火柴自然掉落的樣子，
應該是有人刻意安排的吧？

圖案上下顛倒之後，
火柴的形狀看起來像是

「SUOO」，

似乎是日本人的姓氏「須藤」。

難道這是所謂的

死前訊息嗎？

死前訊息就是
死者被某人加害，
在即將斷氣之前留下的訊息。

若手邊有紙筆的話，
直接寫下來就好，
但是當情況緊急時，
就會利用其他東西來代替。

假設這是死前訊息，
排列這些火柴的死者，
肯定是被姓「**須藤**」的人
殺害了吧！

媽媽在廚房裡做晚飯時，
2個女兒跑去拉她的裙擺。

麻友子說：
「媽媽，猜拳明明是我贏，
芽衣子卻不肯認輸！」

芽衣子用力搖頭，
一頭長髮都亂了。

她說：「是我比較強，
不服輸的人是麻友子才對！」

她們生氣的互相瞪著對方，
然後塞了一張紙給媽媽，
要媽媽主持公道。

媽媽擦乾雙手，
接過那張紙。
紙上的紀錄如右表。

	1	2	3	4	5
麻友子	布	石頭	剪刀	剪刀	石頭
芽衣子	剪刀	石頭	剪刀	布	布
留美	布	剪刀	布	剪刀	石頭

請問，麻友子和芽衣子
贏拳的機率各是多少？

答案請以百分比呈現。

此外，家裡並沒有名叫留美的孩子，
但是請別想太多，
計算時姑且當作她真的存在。

32 猜拳

詳解

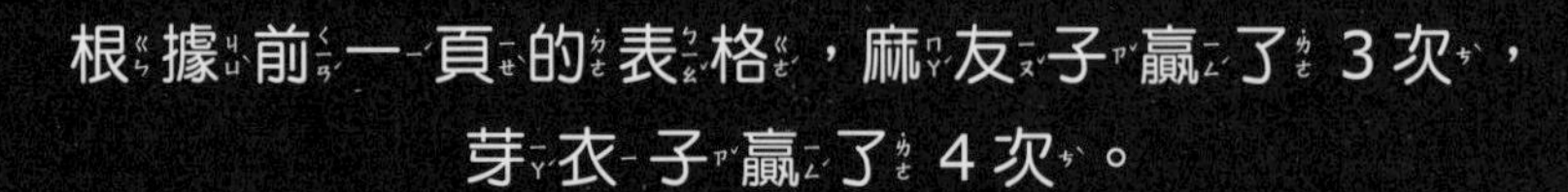

根據前一頁的表格，麻友子贏了 3 次，
芽衣子贏了 4 次。

她們總共猜拳 5 次，
只要將贏拳的次數除以 5，
再乘以 100%，就能算出獲勝的機率。

3÷5×100%＝60%

4÷5×100%＝80%

麻友子獲勝的機率是 60%，
芽衣子獲勝的機率是 80%。

順便一提，留美獲勝的機率是
1÷5×100%＝ 20%。

可是家裡沒有叫留美的人，
她究竟是誰呢？

小朋友有一些想像中的朋友
是很常見的事情，
稱為「假想朋友」。

我小時候也經常幫玩偶取名字
和它們說話，
一定是這樣沒錯。

難不成留美其實是
一般人看不見……
賴在家裡不走的鬼魂？
希望是我想太多！

33 紅色石頭

雪子有個同學名叫綾香，
經過確認，
得知綾香的生日是
2015 年 5 月 31 日。

雪子依照綾香的生日先計算
「年 ÷ 月 ÷ 日」的值，
然後再到附近的河床上
撿拾與答案相同數量的石頭。

回家後，
雪子從書桌抽屜裡拿出水彩盒，
很用心的替每顆石頭上色。

每一顆都紅通通的。

綾香全家人週末要出門旅行，
雪子打算利用這個機會，
把石頭埋在綾香家的院子裡。

請問，
塗成血紅色的石頭
總共有幾顆？

33 紅色石頭

詳解

將實際的數字代入「年 ÷ 月 ÷ 日」，

2015÷5÷31＝13

共有 13 顆石頭。

在院子裡偷埋紅色石頭，
很詭異吧？

我認為這是一種咒術。

聽說有個類似的儀式，

只要在別人家的庭院
埋入下咒的物品，

就能藉此詛咒對方不幸。
雪子一定非常怨恨綾香吧！

血紅色的石頭
究竟下了什麼詛咒，
又會引來什麼樣的災禍呢？

放學後，優香走在回家路上時，
被一位不認識的叔叔搭訕。

叔叔露出和藹的笑容說：
「假如你能算出正確答案，
我就買玩具送你！」
接著他把一張紙遞給優香。

紙上的內容如右圖，
學校、優香家和叔叔家
連成一個三角形。

求這個三角形的面積
是多少平方公尺？

請試著站在優香的立場來作答。

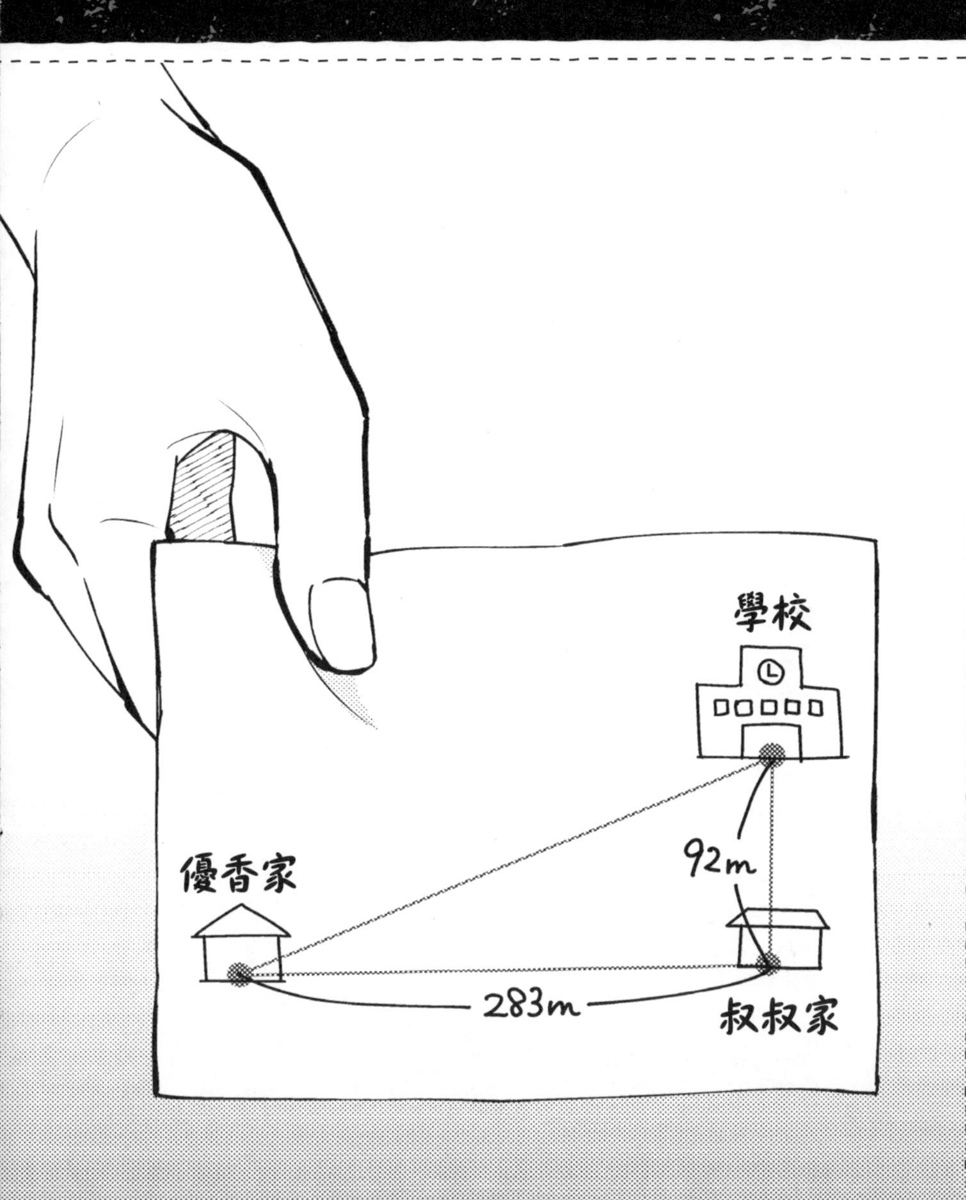
學校
優香家
92m
283m
叔叔家

34 正確答案

詳解

三角形的面積可以用「底乘以高除以二」來計算。

283×92÷2＝13018

答案是 13018 平方公尺。

但是，為什麼這個陌生叔叔知道優香家在哪裡呢？

他肯定暗中調查過吧？真是太可怕了！

被陌生人搭訕的時候，

一定要小心自身安全。

如果對方說要買玩具給你，那又更危險了！

這個計算題的答案如前一頁所示，
是 13018 平方公尺。

但實際上，
遇到可疑人士搭訕時，
正確的應對方式應該是：

不回答，不理會，
馬上跑到人多的地方！

聽說，進行「鏡子儀式」時
不要用隨身鏡，
使用越大片的鏡子，效果越好。

請走進房間並關門，
如果可以，最好鎖上房門。

假如房間裡有窗戶，
別忘了拉上窗簾，
千萬不能讓別人看到這個儀式。

準備好之後，站在大鏡子前面，
花 **15 秒**盯著鏡子裡自己的眼睛，
然後開口問：

「你是誰？」

每隔 **15 秒**問一次，
重複 **66 遍**。

只要這樣做，鏡子裡的成像
就會自己動起來喔！

它會以奇妙的方式顫動好一會兒，
不斷的抖呀抖，晃呀晃。

成像停止顫抖之後，
就會從鏡子裡
朝你所在的現實世界伸出手。

接著它會抓住執行儀式的人，
把你拖進鏡子世界裡，
它再從鏡子裡跑出來。

於是，你的本尊和鏡子裡的替身
就會互換。

以上「鏡子儀式」的執行方式，
是我同學正雄告訴我的。

上週，我的另一個同學，良太，
他親自執行了這個儀式。

不過，他只說了**60遍**

「你是誰？」就停止了。

我想他一定是嚇到不敢繼續說下去，

真是太膽小了！

然而，良太卻在同學面前逞強，說：

「我真的重複了66遍，

什麼事都沒發生啊！」

最終，良太沒有對任何人說出真相。

考考你，

良太花了幾分鐘

執行「鏡子儀式」呢？

用乘法就可以算出答案。
每15秒說一遍「你是誰」，
說了60遍需要

15×60＝900秒

將它除以60就能換算成分鐘。

900÷60＝15分鐘

良太花了15分鐘執行「鏡子儀式」。

但是真奇怪！
出題目的人是誰啊？

從說話的口吻來看，
應該不是良太本人。

這個人怎麼知道
良太在進行儀式時
半途而廢呢？

這件事，
應該只有良太本人才知道。

不，還有一個人知道真相，
就是鏡子裡的成像，
也就是「另一個良太」。

呵呵！它肯定覺得很不甘心，
心想：「只差一點點，
我就能成功取代良太了……」

早上，校園裡舉行升旗典禮時，
有一個女學生倒下了。

我沒有親眼看見，
只知道那個女學生的眼睛
好像流血了。

升旗典禮立刻中止，
我們依照老師的指示回到教室。

我們班的教室在3樓，
我的坐位在窗邊，
我回到坐位之後用手撐著下巴，
俯瞰剛才舉行升旗典禮的地方。

我看到那個地方
畫著如右頁所示的圖。

問題來了：

如果塗黑的圓半徑是 6.5 公尺，
圓周是幾公尺呢？

圓周率請以 3.14 來計算。

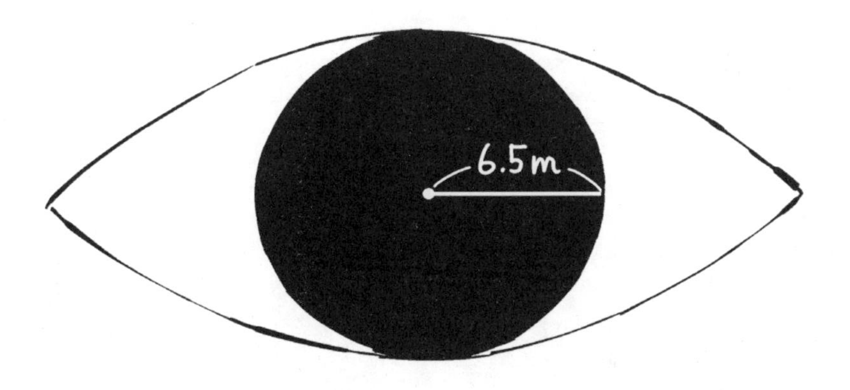

計算圓周的公式是直徑乘以圓周率，
半徑 6.5 公尺，直徑就是 13 公尺，
再乘以圓周率 3.14。

13×3.14＝40.82

圓周的長度是 40.82 公尺。

話說回來，那個圖案好詭異，
它會不會是某種詛咒呢？

女學生之所以昏倒，
搞不好就是這個圖案害的。
雖然真相不明，但最好告訴老師，

盡快移除那個圖案。

答案：40.82公尺

里依娜家的冷氣機
每調低室溫 1℃，
每小時需付電費 2元。

為了整天待在家的男朋友，
里依娜家的冷氣總是 24 小時開著，
並且把溫度設定在 18℃。

里依娜家沒有開冷氣時，
一週的平均室溫變化
如右表。

在這個情況下，
她這週要繳多少
冷氣的電費呢？

未開冷氣時的室溫（℃）

星期	一	二	三	四	五	六	日
室溫	21	23	25	24	20	21	22

我們先分別計算每一天的費用吧！

在週一，室溫從 21 度調降到 18 度，

每降 1 度，1 小時的電費是 2 元，

而且冷氣 24 小時開著，所以

$$2\times(21-18)\times24=144$$

週一的冷氣電費是 144 元。

其他日子也依此類推：

週二：$2\times(23-18)\times24=240$ 元

週三：$2\times(25-18)\times24=336$ 元

週四：$2\times(24-18)\times24=288$ 元

週五：$2\times(20-18)\times24=96$ 元

週六：$2\times(21-18)\times24=144$ 元

週日：$2\times(22-18)\times24=192$ 元

然後全部加起來即可。

$$144+240+336+288+96+144+192=1440$$

這一整週的冷氣電費是 1440 元。

這一題有個地方

比冷氣的電費更令我在意。

表格列出了未開冷氣的室溫，
可以看出並不是炎熱的夏天。

里依娜有什麼原因，
不得不把室溫調到那麼低呢？
題目說是「為了整天待在家的男朋友」，
但他再怎麼怕熱，
也不需要調到 18 度吧？

若想到要長時間保持低溫的原因，
常見的例子是將食物放進冰箱，

以免腐敗。

難不成，里依娜的男朋友已經死了，
為了盡量不讓他的遺體腐化太快，
所以才調低室溫？

呃……應該沒這回事吧！

答案：1440元

今年春天，
桑之丘蓋了一棟
名叫「桑椹山莊」的高級公寓，
總共5層樓，沒有地下室。

請你根據這塊土地上
5位居民的發言，
判斷白井小姐住在幾樓。

這5位居民分別住在不同樓層。

白井小姐：

「我家在光明家的樓上，
在裕二家的樓下。」

裕二：

「我家不在最上層，
真是太可惜了！」

光明：

「我住在友子家的樓下。」

友子：

「我家在2樓喔！」

倫子：

「我在裕二家的樓下。」

38 你住幾樓？

詳解

這一題好難，
我們按照順序推理吧！

首先，可以確定的是
友子住在 2 樓。

接著，
光明的發言中提到友子，
既然他住在 2 樓以下，
由此可知光明家在 1 樓。

白井小姐家在光明樓上，
而且她和住在 2 樓的友子不同樓層，
所以是 3 樓、4 樓或 5 樓。

此外，
白井小姐家在裕二家的樓下，
這表示她不住在最上層，
可知是 3 樓或 4 樓其中之一。

相反的，
裕二住在白井小姐樓上，
所以裕二家在 4 樓或 5 樓。

再加上，
裕二說他家不在最上層，
可以確定他住 4 樓。

這樣一來，
就能推測出
白井小姐住在 3 樓。

但是，這就奇怪了！

裕二住在 4 樓，
白井小姐住在 3 樓，
友子住在 2 樓，
光明住在 1 樓。

最後一位居民倫子，
應該住在 5 樓才對，
但她說自己在裕二家的樓下。

要住在在裕二樓下，
樓層又不和其他人重複，
這樣就只剩下地下室了。

可是，
題目說這棟公寓
沒有地下室對吧？

我想想……
啊！我懂了！

題目並沒有說
這5個居民住在公寓裡，
而是住在
「這塊土地上」。

倫子果然住在地底下，
也就是
埋在泥土裡。

日本人在建造全新建築物之前，
會先舉辦名叫「地鎮祭」的儀式
替那塊土地上的神靈鎮魂。

然而，倫子似乎能夠
自由自在的隨意活動。
看來這棟高級公寓在建造前，
可能沒有好好舉行儀式吧！

題目

39 拾金不昧的謝禮

如果有人撿到錢包送去派出所，
失主會給拾金不昧的好心人謝禮，
金額通常是錢包裡現金的**一成**。

墨田小姐不小心遺失錢包，
裡面有 **3250 元**。

她向派出所報案，
傍晚就接到警察的電話。

她趕到派出所，
成功領回遺失的錢包。

聽說是一位姓前原的先生
送錢包去派出所。

墨田小姐決定以錢包裡
現金的一成當作謝禮。

當墨田小姐給前原先生的
謝禮是5元時，
墨田小姐的錢包裡
最後剩下多少錢？

39 拾金不昧的謝禮 詳解

從 3250 元中拿出 5 元，
所以是 3250 － 5 ＝ 3245
才不是呢！

既然 5 元
是錢包裡所剩現金的一成，
這表示墨田小姐失而復得的錢包裡，
現在只剩下

5÷0.1＝50

也就是說，
在前原先生撿到錢包時，
裡面 3200 元的鈔票
早就被某人拿走了。

最先撿到錢包的人，

是個居心不良
的壞人。

那個人拿走了所有鈔票，
丟棄只剩下零錢的錢包，
而前原先生撿到它，並送去派出所。

因此，墨田小姐的錢包裡
現在只剩下

50 − 5＝45

墨田小姐被偷了 3200 元，
好可憐啊！

大家要向前原先生學習，
撿到錢包就該拾金不昧喔！

敬子從補習班搭公車回家，
上車時，車上的乘客
包括她在內共有 **10 人**。

敬子沿路一直盯著公車車門。

在高島公園站，
有 **1 人**下車，**3 人**上車。

在西名醫院前，
有 **5 人**上車，**7 人**下車。

在桃山墓園站，有 **1 人**上車，
到了八木橋站前，有 **9 人**下車。

敬子在下一站下車時
忍不住感到疑惑，
因為包括自己在內，
車上的乘客還有**3個人**。

請問敬子下車前，她認為
車上的乘客應該剩幾人？

一開始是 10 個人，
只要將之後上車和下車的人數
依序列成算式

10 − 1 + 3 + 5 − 7 + 1 − 9 = 2

因此敬子下車前認為
乘客人數應該只剩下 2 人。

然而，她下車時卻有 3 位乘客。

她剛剛去補習，應該是太累了，
才會算錯吧？

不，等一下。

這班公車中途曾經停靠
「桃山墓園站」。

墓園有許多墳墓。

說不定公車上的乘客裡

混進了一隻
不是從車門上車
的鬼喔！

答案：2人

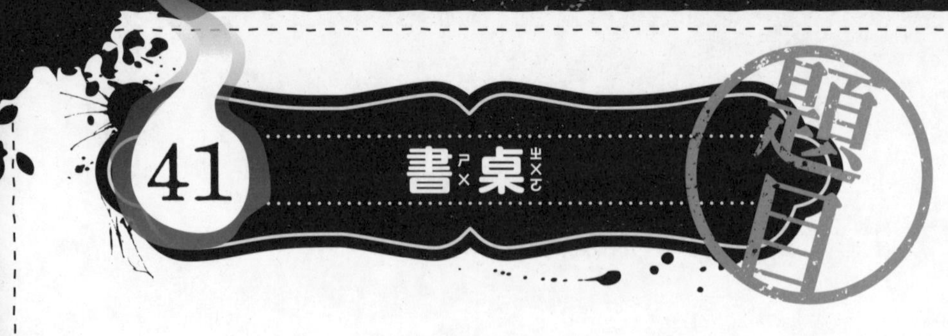

3年前，
海堂同學發生車禍；

2年前，
直樹家發生火災。

去年，
艾蓮娜莫名其妙生病，
因此轉學。

他們3個人都用過同一張書桌。

每年，用到那張書桌的學生
一定會遭遇不幸。

這張「有問題」的書桌，
就在波山西小學的
5年2班教室裡。

教室裡的坐位

直的有8排，橫的有5排。

美紀子今年要升上5年2班，

她用到「有問題」書桌

的機率是多少%？

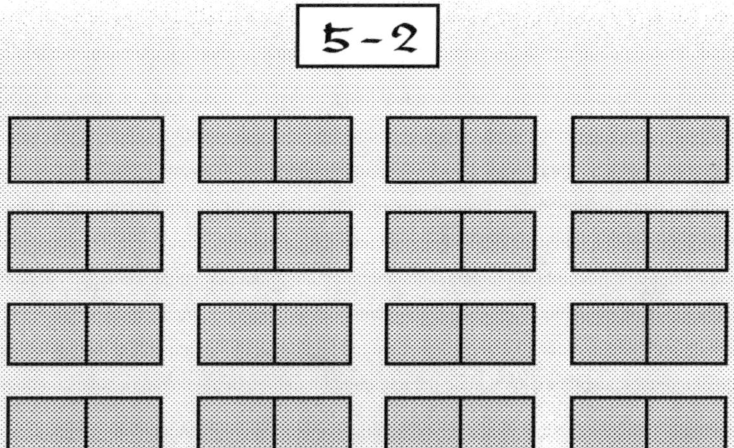

5-2

書桌

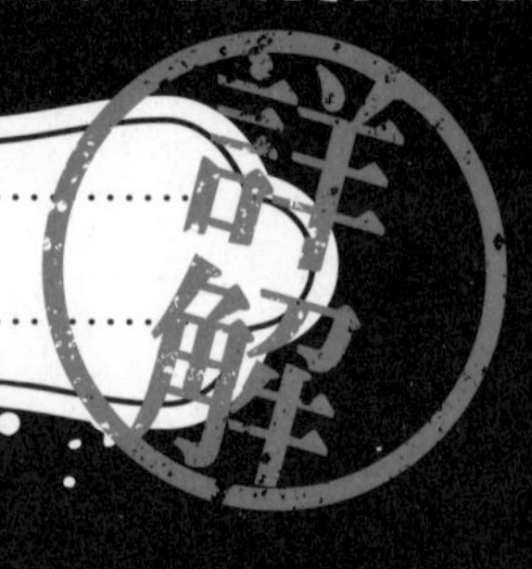

教室裡的書桌總張數，
只要將直排乘以橫排就能得知。

8×5＝40張

而其中一張是「有問題」的書桌，
因此機率為

1÷40×100%＝2.5%

美紀子坐到那張書桌的機率是 2.5%，
非常低。

可是，即使美紀子沒事，
班上還是會有同學出事啊！

**這種「有問題」的書桌，
早就該處理掉了。**

不過，若用強硬的手段
處理被詛咒的物品，

可能會引來
更大的災禍，

所以沒有想像中那麼簡單吧！

既然發生了好幾次意外，
還是淨化一下比較好吧！

一位腹語師正在搬家。

由於人偶是腹語師重要的維生工具，
所以每具人偶都須放入堅固的木盒，
再請業者幫忙，小心搬運。

搬家公司的收費標準則依重量而定。

腹語師放入人偶後的 5 個木盒重量
如**表 1** 所示。

搬家公司的收費標準
如**表 2** 所示。

腹語師請搬家公司
搬運這些人偶
總共要花多少錢呢？

表1：每個木盒的重量

	1	2	3	4	5
重量（公斤）	3	2.5	30.3	21.7	2.8

表2：收費標準

未滿 10 公斤	400 元
10 公斤以上，未滿 30 公斤	1000 元
30 公斤以上	3000 元

根據表 1 和表 2，

可看出每個木盒的運費各是多少。

	1	2	3	4	5
重量（公斤）	3	2.5	30.3	21.7	2.8
運費（元）	400	400	3000	1000	400

然後再全部加總即可。

400＋400＋3000＋1000＋400＝5200

運費總共是 5200 元。

但是，有 2 個木盒分別是

30.3 公斤和 21.7 公斤，

這 2 具人偶

未免太重了吧！

一般腹語術的人偶，
都是單手能操控的重量。

順道一提，
體重20公斤或30公斤的小學生很常見。

木盒裡面

真的全部都是
人偶嗎？

貴志有個暗戀的對象。

她是就讀貴志住家附近的高中，
年紀比他大的姊姊。

貴志家門前有個公車站牌，
那女孩每天都
坐在公車站的長椅上看書。

貴志的房間在二樓，
他總是從房間窗戶偷看她。

那位大姊姊每天 **2點**開始看書，
每次看 **30分鐘**。

若一年以 365 天來計算，

貴志一年總共花了幾小時又幾分鐘偷看大姊姊呢？

此外，貴志全年無休，

也不曾敗給睡意。

每天 30 分鐘，共 365 天，所以是

30×365＝10950 分鐘

除以 60 就能換算成小時：

10950÷60＝182.5 小時

由此可知，
貴志一年偷看大姊姊的時間，
總共是 182 小時又 30 分鐘。

然而，題目最後幾句話很不尋常，
貴志「不曾敗給睡意」是什麼意思？

既然刻意提到這一點，
表示貴志偷看大姊姊的時段
是一般人會想睡覺的時間。

換句話說，
大姊姊出現的時間
不是下午 2 點，而是半夜 2 點。

哪有正常人會在半夜2點
坐在站牌旁邊看書呢？

由古至今，半夜2點到2點半
這30分鐘稱為「丑時三刻*」，
是鬼魂現身的時段。

貴志得知真相應該會大受打擊，
所以不能讓他知道……
這位大姊姊
不是活人喔！

＊丑時是半夜一點到三點。一般我們將02：00～02：15稱為「丑正一刻」，02：15～02：30稱為「丑正二刻」，而丑時三刻是日本特有的度量衡。

牆上掛著一幅裱框的照片，
照片裡的人是若菜，
我是她的弟弟。

照片裡的她站在畫面中央，
獨自望著大海。

因為她背對鏡頭站著，
所以照片沒有呈現出她的臉。

她一頭黑色長髮及腰，
身穿紅色連身裙，
露出纖細的手臂和雙腳，
單手指尖勾著脫下來的高跟鞋。

一開始，照片的畫面就是這樣。

自從若菜失蹤之後，
奇怪的事情發生了。

那張照片裡的她，
身體開始沿著順時鐘方向轉動，
慢慢的轉向我。

隨著日子一天天過去，
姊姊逐漸露出蒼白的臉。

她平均**每週轉動 15 度**，
最後在 **180 度**轉身，
完全面向我之後，她就停下來了。

我看到她臉上
還留著死時痛苦的神情。

從若菜開始轉身到停止，
一共經過了幾週呢？

每週旋轉15度，
最後轉動了180度，
用除法就能算出來。

180÷15＝12

若菜面對著弟弟的時間
是在12週後。

照片裡的人居然會動，
真可怕呢！

只不過，

**有一件事
更令我好奇。**

出了這一題的弟弟，
看到若菜的表情之後，說：
「她臉上還留著死時痛苦的神情。」

但是，若菜只是失蹤，
不一定已經過世了啊！
為什麼弟弟能斷定
姊姊已經不在人世了呢？

而且，

他甚至還知道
姊姊過世時的表情，

太可疑了！

看來，若菜失蹤的事件，
弟弟涉嫌重大喔！

後記

謝謝你看到這裡，
做數學題辛苦了！

大家覺得
這本《恐怖數學故事》如何呢？

它和一般的數學題目不一樣，
每次看完解答篇都會嚇一跳，
令人心跳加速，很有趣吧？

我也享受到很多樂趣呢！

在這一集的題目裡，
我覺得第 35 題「鏡子儀式」
特別驚悚！

良太差點就要被替身取代，
讓我起了雞皮疙瘩。

無論如何，
我都不會進行那個儀式！

呵呵呵！
你也有特別喜歡的題目嗎？

假如你喜歡恐怖風格的數學題目，
下次不妨試著出題，
考考你的家人或朋友喔！

你可以從這本書汲取靈感，
構思一些宛如益智問答
或解謎的題目，
來嚇嚇你的親朋好友！

不過，有些人很害怕驚悚題材，
記得不要強迫對方喔！

假如老師允許，
你也可以在下課時間
為大家朗讀這本書。

如果有更多同好迷上
《恐怖數學故事》，
我會很開心的！

當你想透過學校不會教的
「恐怖應用題」來學習時，
歡迎隨時來找我喔！

那麼，我們下集再見！